# 超级探险家训练营

CHAO JI TANXIAN JIA XUNLIANYING

## 训练营

### 穿越雪山

CHUANYUE XUESHAN

知识达人 编著

成都地图出版社

**图书在版编目（CIP）数据**

穿越雪山 / 知识达人编著 . 一成都：成都地图出
版社 , 2016.8（2022.5 重印）
（超级探险家训练营）
ISBN 978-7-5557-0456-0

Ⅰ . ①穿… Ⅱ . ①知… Ⅲ . ①雪山－普及读物 Ⅳ .
① P941.76-49

中国版本图书馆 CIP 数据核字 (2016) 第 210617 号

**超级探险家训练营——穿越雪山**

**责任编辑：** 陈　红
**封面设计：** 纸上魔方

**出版发行：** 成都地图出版社
**地　　址：** 成都市龙泉驿区建设路 2 号
**邮政编码：** 610100
**电　　话：** 028 - 84884826（营销部）
**传　　真：** 028 - 84884820

**印　　刷：** 三河市人民印务有限公司
（如发现印装质量问题，影响阅读，请与印刷厂商联系调换）

**开　　本：** 710mm × 1000mm　1/16
**印　　张：** 8　　　　　　　　**字　数：** 160 千字
**版　　次：** 2016 年 8 月第 1 版　　**印　次：** 2022 年 5 月第 5 次印刷
**书　　号：** ISBN 978-7-5557-0456-0
**定　　价：** 38.00 元

为什么在沼泽地中沿着树木生长的高地走就是安全的呢？"小老树"长什么样子？地球上最冷的地方在哪里？北极的生物为什么是千奇百怪的？……

想知道这些答案吗？那就到《超级探险家训练营》中去寻找吧。本套丛书漫画新颖，语言精练，故事生动且惊险，让小读者在掌握丰富科学知识的同时，也培养了小读者在面对困难和逆境时的勇气和智慧。

为了揭开丛林、河流、峡谷、沼泽、极地、火山、高原、丘陵、悬崖、雪山等的神秘面纱，活泼、爱冒险的叮叮和文静可爱的安妮跟随探险家布莱克大叔开始了奇妙的旅行，他们会遭遇什么样的困难，又是如何应对的呢？让我们跟随他们的脚步，一起去探险吧！

# 主人翁

布莱克大叔（40岁）：地理学家、探险家，深受孩子们喜爱。

叮叮（10岁小男孩）：活泼好动，勇于冒险，总是有许多奇思妙想，梦想多多。

安妮（9岁小女孩）：文静可爱，做事认真仔细，洞察力较强。

# 目录

# 目录

# 第 一 章

# 向奥地利出发

经过一段时间的休息，布莱克大叔、叮叮和安妮又踏上了一段新的旅程，叮叮和安妮都非常兴奋，一路上叽叽喳喳地说个不停，对于即将到来的旅程，他们充满了好奇和新鲜感。

"布莱克大叔，我们这一次要去哪里呀？"叮叮显然已经

按捺不住了，安妮也附和着点点头，目不转睛地看着布莱克大叔。

看着这两个小家伙这么好奇，布莱克大叔突然想卖卖关子，他说："你们知道阿尔卑斯山在哪里吗？"

叮叮和安妮抓抓头，显然不知道。

布莱克大叔接着又问："安妮，你不是想成为一个优秀的钢琴师吗？那你最喜欢的钢琴家有哪些？"

说起安妮最喜欢的钢琴，她显然有些激动："我最喜欢海顿、莫扎特、舒伯特、约翰·施特劳斯和贝多芬。"

布莱克大叔看了看安妮说："我们这次要去的就是莫扎特的故乡——奥地利！"

这时一直没有说话的叮叮神气地说："我知道，我知道。奥地利的首都是维也纳，维也纳是世界著名的'建筑之都''音乐之都'和'文化之都'。"

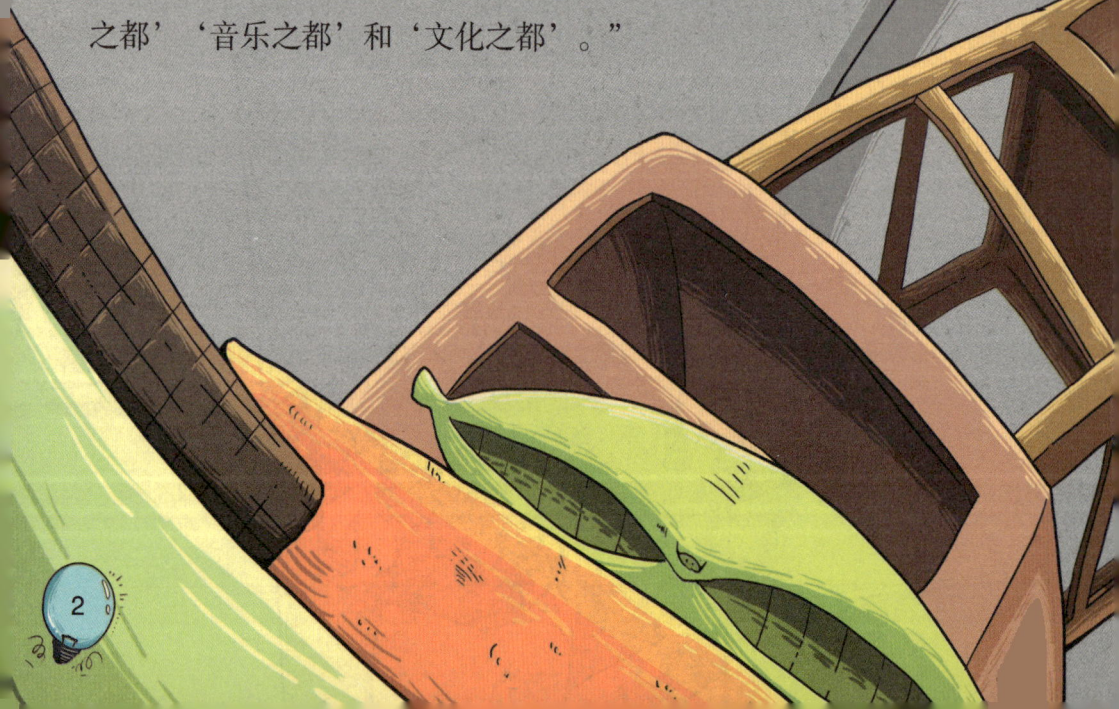

听到叮叮这么说，安妮就更加高兴了，她说："布莱克大叔，是真的吗？妈妈常常说将来要送我去维也纳学音乐，我们真的要去维也纳吗？"

　　布莱克大叔摸摸安妮的头轻轻点点头，说："是的，维也纳是奥地利的首都，又是那么有代表性的城市，我们当然会去那里了。我们要去那里感受一下它浓厚的音乐氛围，要知道在那里，音乐在人们眼中是同衣食住行同样重要的东西，整个国家从上到下都离不开音乐，不管是大型音乐会还是小型音乐会，举办得都非常频繁，在那里听一场优美的音乐会，就像我们平常看一场电影一样简单，甚至一切大型活动都以音乐开始，再以音乐结束。如果想要看一场最豪华、最经典的音乐会，还是要去维也纳国家歌剧院看才对，那是维也纳作为歌剧之乡的象征，也是世界上最著名的歌剧院之一，被人们称为'世界歌剧中心'。如果哪个音乐家的作品能在维也纳国家歌剧院演出，那可是他音乐生涯里莫大的荣幸了。

"当然，除了维也纳和音乐，奥地利还有更加美丽的地方，那就是阿尔卑斯山。山顶上有终年不化的积雪，站在山脚下，美丽的雪山就像是画里的世界，登上雪山，就像是走进了人间仙境一样。那雪山的山顶是天然的滑雪场，你们还没有滑过雪吧，这次我就要带你们去阿尔卑斯山滑滑雪，让你们体验一次在雪地里飞驰的感觉。现在是冬天，最适合去

阿尔卑斯山滑雪了。"

叮叮和安妮都生长在南方，所以是很难见到雪的，更别提去滑雪了，所以当听到布莱克大叔这么说的时候，他们高兴得几乎要跳起来了。

布莱克大叔看了一下周围，示意叮叮和安妮小声点："所以现在你们俩赶紧先睡一觉吧，然后精神抖擞地迎接我们的雪山历险之旅吧！"

叮叮和安妮一起点点头，然后带着各自的期待进入了梦乡。

## 美丽的奥地利

奥地利是一个风景优美的国家，西部是海洋性气候，东部却呈现大陆性气候特征，这样在奥地利就可以体验两种不同的气候。奥地利在阿尔卑斯山脚下，国土的大部分都是山地，夏天可以从任何一个城市出发去攀登阿尔卑斯山，体验一下高处不胜寒的感觉。到了秋季，阿尔卑斯山腰上不同的植物带呈现出不同的景色，使人有与大自然融为一体的感觉。冬天，可以欣赏迷人的雪景，还可以体验滑雪的乐趣。每年春天，大地从冬季的沉睡中醒来，冰雪融化，万物复苏，让人感觉到无尽的美好和希望。美丽的奥地利，一年四季都有美丽的风景，让人有不同的感受。

# 第二章
## 美丽的因斯布鲁克

怀着对奥地利的美好期盼，叮叮和安妮跟随布莱克大叔来到奥地利西南部的一个小城市——因斯布鲁克。

"哇，布莱克大叔，这里好漂亮呀！"安妮显然被街道两旁的古式建筑深深地迷住了。

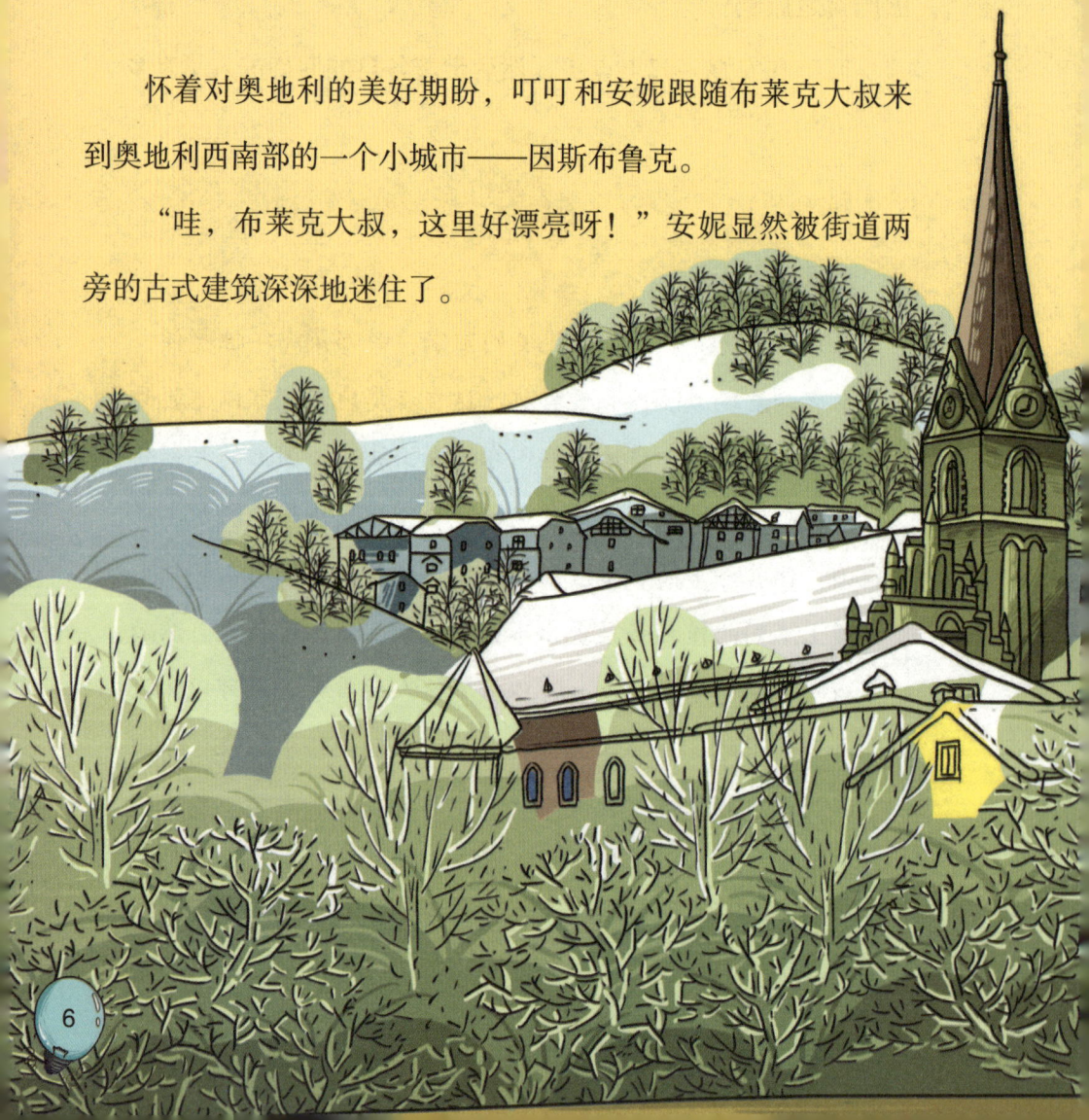

"是呀，布莱克大叔，为什么这里的房子跟我们在其他地方见到的都不一样呢？"叮叮也忍不住好奇地问。

"呵呵。"布莱克大叔对两个小朋友的好奇心和求知欲感到很高兴，"这个城市叫作因斯布鲁克，最早建于1239年，经历了欧洲中世纪、文艺复兴等多个历史时期，它最辉煌的时期正值欧洲中世纪时期，当时是皇家居住的，也是欧洲文化艺术的中心。所以，在老城区里就一直保留着中世纪和文艺复兴时期的风貌。"

因斯布鲁克是奥地利的五大城市之一，整个因斯布鲁克由9个市区组成，这9个市区原来都是独立的城镇，现在由统一的管理机构管理。这里位于阿尔卑斯山的南面，气候宜人，是非常好的旅游胜地。

因斯布鲁克分为老城区和新城区两部分，老城区以古典建筑为主，有中世纪最有特色的哥特式建筑，也有文艺复兴时期的巴洛克风格的建筑，还有很多古老的街道，沿着街道一直走下去，就好像是回到了中世纪，又从中世纪进入到了文艺复兴时期，各色建筑，错落有致，形态各异。因为因斯布鲁克是一个有着悠久历史的老城，这里名胜古迹数不胜数，比如菲尔施滕堡、霍夫城堡，再比如曾是古代公爵府邸的黄金屋顶，最具巴洛克风格的圣雅克布大教堂，还有皇室居住过的宫廷城堡等。每一座古典建筑，都讲述了一个古代王朝的故事；每一个

哇，布莱克大叔，这里好漂亮呀！

宏伟的身姿，都展现了一个王朝的风采。

沿着老城区向东北方向走去，就是因斯布鲁克的新城区。新城区的建筑与老城区是两种完全不同的风格，老城区展现的是古典的建筑风格，新城区是一个具有现代风格的城区。不过因为因斯布鲁克自古以来就有比较讲究的建筑传统，它的新城区的各色建筑也是比较考究的，花园式的建筑为因斯布鲁克增添了更多的迷人风采。值得一提的是，这里有一个世界著名的水晶饰品公司——施华洛世奇，这也是因斯布鲁克的标志之一。

三个人走着，看到一条美丽的小河，布莱克大叔说这是因河，也是因斯布鲁克名字的由来之处，因为这座美丽的小城建在因河的河畔，所以才得到这个名字，"因斯布鲁克"是因河上的桥梁的意思。因河将因斯布鲁克分成两部分，也为因斯布鲁克提供了丰富的水力资源。

　　因河是中欧的一条主要河流——多瑙河的支流。虽然只是一条支流，但是在中欧却有很重要的作用，占据十分重要的地位。因为水流丰富，便于灌溉，河流中下游是很重要的农业区，沿途也建有多个水电站，给当地提供了丰富的电力资源。

　　三个人正聊得起劲，叮叮抬头看见了阿尔卑斯山顶

哇，好美啊！布莱克大叔，这就是阿尔卑斯山吗？

上的皑皑白雪。

"安妮，你快看！"

"哇，好美啊！布莱克大叔，这就是阿尔卑斯山吗？"

"是的，这就是我跟你们说过的阿尔卑斯山，那白茫茫的山顶就是阿尔卑斯山顶上终年不化的白雪。"

"哇，是雪呀。"很少见到雪的安妮，陷入对雪山的沉迷之中。

"是不是想去看看山顶的白雪啦？"

"好耶，去雪山啦……"叮叮开心地说。

## 因斯布鲁克滑雪场

因斯布鲁克位于阿尔卑斯山的山谷中，在那里的任何一个角落，只要一抬头，就会看到阿尔卑斯山顶上的皑皑白雪。而且，那里的滑雪场是在世界上都相当有名的。

也因为因斯布鲁克的滑雪资源优势，这里曾经先后举行了1964年第9届冬季奥运会和1976年第12届冬季奥运会，还有2012年冬季青年奥运会，都获得了很大的成功。而冬季青年奥运会的举行也标志着继奥运会、冬奥会、两个残奥会和夏季青年奥运会之后，有了世界级的第六个综合运动会。

# 第三章

## 阿尔卑斯山，我们来了

自从看见阿尔卑斯山顶上的皑皑白雪，叮叮和安妮就缠着布莱克大叔一定要去山顶看雪。布莱克大叔也想带着两

个小朋友去探寻一下未知的世界。

三个人踏上了去往阿尔卑斯山的路途。

"布莱克大叔，越来越冷了呢。"叮叮收紧了衣服说。

"是呀，布莱克大叔，刚刚我们在山底下还感觉到有点热呢，怎么现在就这么冷了呢？"安妮也感觉越来越冷了。

"通常情况下，山顶是要比山下冷的。你们知道为什么吗？"布莱克大叔有意要考考两个小朋友。

"为什么呢？我记得老师说过，因为密度和质量不同，冷空气会下沉，热空气会上升，那山顶应该比山下热呀。"安妮

不解地说。

　　"安妮的话是非常正确的，只是这种解释只能用于平原，不能用来解释山地气温的变化。山地气温不能单纯的用冷空气下沉热空气上升来解释，它更多的是与大气辐射有着不可分割的关系。在自然界中所有有温度的东西都会散发热量，这就是热辐射，包括我们人体。不信，你们两个可以试试，离得近了就会感觉到一些温暖，那就是对方身体散发出来的热辐射，这些热辐射是通过空气让你们感觉到的。高山

地区因为空气稀薄，传导的热辐射就会比较少，所以就会感觉到比较冷了。"

叮叮和安妮听完布莱克大叔的解释后恍然大悟，又有了继续爬山的力气。经过不懈的努力，三个人终于爬上了山顶，叮叮和安妮也见到了梦中的美丽雪山。叮叮兴奋地在山顶跑来跑去，摔了不知道多少个跟头，但他依然难以掩饰心中的激动。安妮也被这白茫茫的雪深深地迷住了，顾不得冷，不停地用手抓起地上的雪。

"布莱克大叔，我们已经登上了你所说的阿尔卑斯山吗？我真的不敢相信。"安妮难以置信地说。

"是的，这就是世界著名的阿尔卑斯山了。不过，我们所在的这个位置是阿尔卑斯山脉的最东边。"

阿尔卑斯山脉从法国东南部的地中海海岸，蜿蜒着穿过了整个欧洲中南部地区，到达奥地利的维也纳盆地。阿尔卑斯山脉不仅在欧洲，就是在整个世界上都是一座非常重要的山脉。

它的山顶上蕴藏着丰富的冰川淡水，欧洲的很多河流都发源于此，又沿着阿尔卑斯山的山谷流向远方，所以阿尔卑斯山谷的很多地区水力资源丰富，气候宜人，是非常适合旅游、度假和疗养的地方。

## 阿尔卑斯山的奇特气候

阿尔卑斯山是中欧和南欧两种不同气候的分界线，山脉以北是温带大陆性气候，以南是亚热带气候。这里降水量很大，加之海拔温差影响，在海拔三四千米以上的地方是终年不化的积雪。

阿尔卑斯山体本身呈现出山地垂直气候特征，受这个特征影响，这里的植被因为海拔高低的不同而不同。从下往上，依次分布着森林带、混交林带和针叶林带。而在海拔相对较低的地方，植被茂盛，为畜牧业提供了可能性。这里的高地山羊被意大利列为保护动物呢！

# 第四章

# 漂亮的雪花

回到旅馆的第二天早晨，天空下起了雪，叮叮和安妮一刻也按捺不住，一定要去外面看看美丽的雪花，布莱克大叔只好带着他们去堆雪人、打雪仗了。

终于玩累了，三个人坐在屋檐下休息，细心的安妮静静地看着雪花一片片飘落，为树木穿上洁白的棉袄，也为屋顶盖上了厚厚的棉被。安妮看雪看得出神："雪花为什么这么漂亮呢？它们是上帝派下来的天使吗？"

雪花当然不是天使，它其实只是一种常见的自然现象，就像雨一样，是地球表面大气水循环的产物。江河湖泊的水经过蒸发变成水蒸气，水蒸气在高空遇冷凝结成水珠，又因为空气中的尘埃等杂质将这些水珠黏在一起形成天空中的云，当水珠越积越多，最终超出了大气的浮力时，就会降落下来形成降水，雪就是降水的一种。

雪的形成跟温度有关，当气温达到0℃以下时，空气中的水汽不是凝结成水珠，而是直接凝结形成冰晶，冰晶在高空形成冰云，最后落下来就成了雪。有些时候，高空的温度很低，形成了降雪条件，而地面温度在0℃以上，但不足以将雪花瞬间融化，雪花降落的过程，有部分融化，或者是降落到地上融

化，这种降雪叫作"雨夹雪"。一般在温带、亚寒带地区，因为冬季气温较低，降雪出现得比较多，像极地地区常年都有降雪，而亚热带和热带地区，即使是冬天，气温也在0℃以上，所以很少出现降雪。

雪花是一种晶体，有的像棉絮一样轻盈、柔软，也有的是小颗粒状的。从外形来看，雪花的种类很多，有像小星星一样的，有柱状的，有的是小颗粒的，有的是片状的，也有的毫无规则、没有具体的形状，但大部分都是六角形的，这是因为

雪花会受到大气中的水汽压的影响，同一片雪花，不同部位，受到的水汽压不同，就会出现不同的形状。在降雪的过程中，有的雪花会互相碰撞，最终结合在一起形成更大的雪片降落，比如鹅毛大雪就是很多个小雪花经过无数次分分合合形成的。还有的雪花在互相碰撞过程中没有合并，而是撞破了原有的形状，支离破碎，形成畸形的雪花。

### 是谁给雪花上了色，染了白？

我们平时看到的水和冰都是透明的，但是为什么雪花却是白色的呢？

其实这些都是光线跟我们玩的小游戏。就比如我们平时看到的光面玻璃，光线能够直接从玻璃穿透过去，所以是无色的。而毛玻璃表面凹凸不平，使得照射在每一个平面的光经过折射、反射，就变得模糊，呈现白色了。雪花之所以是白色的也是这个原因，因为雪花不像冰一样是光滑的，而是有很多不规则的棱棱角角，光线不能直接穿透，所以就是白色的了。

# 第五章

# 白色的恶魔

中午安妮来到布莱克大叔房间，看到布莱克大叔坐在电脑前，面色有些沉重。

"布莱克大叔，发生什么事了吗？"

"刚刚看新闻，美国加利福尼亚州发生了严重的雪灾。"布莱克大叔沉重地说。

"雪灾？"

"什么是雪灾呀？"叮叮听到"雪灾"两个字，从房间跑出来问。

"是呀，布莱克大叔，那么美丽的雪，怎么会变成灾难呢？"安妮不解地问。

"就像是下雨一样，如果雨下得太大，会引起洪灾，雪也会引起雪灾。你们来看这些图片。"

叮叮和安妮看到电脑上关于雪灾的图片，成群的牛羊冻

饿而死，树枝被雪压断，有的整棵树都被压倒，房屋也倒塌了，因为积雪太厚，交通中断，电力和通信也受到相当大的影响……

雪灾也叫白灾，当降雪太大，持续时间又很长的情况下，就有可能出现雪灾，一般在牧区发生得比较多。当降雪量太大或者范围太大，将草场掩盖，或者是气温太低在草场的表面形成了冰壳，牧民无法放牧，牲畜没有食物，就形成了灾难。有的受灾严重，会使很多牲畜冻饿而死，严重影响到畜牧业的发展，同时还会影响道路交通、电力和通信等设备。

雪花看起来虽然很轻柔，可是成千上万、数以亿计的雪花堆积起来就不再轻柔，因为气温很低，会越冻越紧，渐渐地不那么轻柔，变成了冰坨，冰坨越来越大，直至树枝和房屋无法承受它的重量，最后就垮塌了。

　　雪灾可分为猝发型和持续型两种。猝发型雪灾是指突然间的暴风雪，或者暴风雪过后的几天里对人类的生产生活造成一定影响的雪灾。这类雪灾发生突然，持续时间短，造成的影响是短暂的。如2008年中国南方发生的雪灾。持续型雪灾是指长时间的降雪，或者降雪后气温很低，积雪不化，越积越厚的雪灾。这类雪灾持续时间长，影响范围大，给人类的生产生活带

来的影响是持续性的，灾害性影响很大。

虽然雪会造成雪灾，给人类的生产生活带来严重的影响，但是并不代表人类只能等待灾难、忍受灾难，毫无办法。很多时候雪灾是可以预防的，当一场雪太大，下的时间太久时，地面积雪太厚，出现影响交通的现象时就要注意预防雪灾了，要提前为牛羊等牲畜储备好食物，做好道路融雪的工作，还要对屋顶、通信设备、电力设备等进行融雪工作，如果有必要，还要提前准备好救灾物品，必要时向灾民发放救灾物资。这样即使发生雪灾，也会降低受灾程度。

## 可怕的白毛风

白毛风是雪灾的一种，也叫暴风雪。多发生于我国北方地区，如内蒙古。因为草原空旷，伴有大风天气，雪花无法正常降落，被风吹得漫天飞舞，或者是已经下过很厚的雪，遇到暴风，地面上松散的雪被风扬起，白茫茫的，所以叫作白毛风。

白毛风在一定程度上加重了雪灾的程度，给预防雪灾和灾后救济工作带来严重的困扰。为防御白毛风带来的灾害，牧区一般要提前建设防寒的棚圈，也要提前囤积草料等。

# 第六章

# 美丽花朵神奇多

"布莱克大叔，'瑞雪兆丰年'是什么意思呀？"安妮在一本书里看到了"瑞雪兆丰年"这句话，但是不理解这句话的意思。

"'瑞雪兆丰年'就是说在恰当的时候下适量的雪，预示

着来年会是个大丰收的年份。"

"雪不是会带来灾难吗？为什么还会预示着大丰收呢？"叮叮显然觉得这有些矛盾。

"雪是会带来灾难，但并不是所有的雪都是白色的恶魔，如果降雪量在一定的安全范围内，就会起到一些良好的作用。比如在冬天如果能降一场适宜的雪，就像是给小麦盖上一层厚厚的棉被，来年小麦就会取得大丰收。"

"布莱克大叔，雪这么好，又那么坏，我到底该相信哪种说法呢？"安妮不解地问。

"什么事情都是有正反两面的。在一定的范围内是好的，超出了这个范围就会向相反的方向发展了。只要降雪在适宜的范围内，它们还是上帝派下来的天使。"

　　雪中含有很多可以被农作物直接吸收的氮元素，雪水融化深入土壤里面，被农作物吸收，就相当于为农作物施了一次氮肥。又因为雪的温度很低，足以冻死藏在土壤表面的害虫，为农作物进行一次除虫大行动。虽然冬天天气寒冷，空气中的水分蒸发量较小，但并不代表冬天农作物就不需要浇水，适时的一场降雪，就等于给农作物浇了一次水，让农作物不至于太

干旱。此外，雪还有很好的保温作用，土壤表面的雪，就像一层棉被一样，将农作物与冷空气隔开，让农作物能够过一个温暖的冬天。中国有句谚语："冬天麦盖三层被，来年枕着馒头睡。"也就是说，雪对农作物有积极作用。

雪的保温作用主要是因为雪花之间不是紧密结合的，而是有一些空隙，这些空隙中会钻进很多空气，从而形成保温效果。比如，我们冬天穿棉袄为什么会很暖和呢？就是因为在棉

花之间有很多的空气，空气是一种热导性很差的不良导体，热导性就是一个物体传递热量的能力，热导性很差，那么它传递热量的能力就会很差，这样就会把冷热空气阻隔，我们穿上棉袄，会阻止外面的冷空气进入到衣服里面，也会阻止我们人体的热量传递出去，所以会觉得很暖和。冬天地表的雪也是一样的，因为中间有很多的空气将冷热空气阻隔，就会起到很好的保温作用。一些在极地地区居住的居民就会利用雪的保温作用，建造温暖的雪房子。

## 神奇的雪花

雪不仅对农作物有很多益处，对人体健康也是有很多益处的。《本草纲目》就有记载，雪水有很好的解毒效果。古时候有人在冬天将干净的雪水放进坛子中并埋在地下，常年饮用，有延年益寿的功效。

雪还是净化空气的好助手，因为雨雪的形成需要空气中的杂质和尘埃做凝结核，所以降雪会带走空气中的粉尘，让空气格外清新。除了这些，雪还能吸收外界的噪音呢！由此看来，雪花不但美丽，还很神奇。

# 第七章

# 寻找水晶石

"孩子们，你们看这是什么？"布莱克大叔手里拿着个玻璃球一样的东西，问叮叮和安妮。

　　"是玻璃球吗？"安妮问。

　　"这是水晶球。"布莱克大叔说。

　　"为什么看起来跟玻璃球一样呢？"叮叮开始发问。

　　"水晶可不是玻璃，而是一种石英结晶体。"

　　安妮拿着水晶球看来看去，还是看不出它和玻璃球的区别。

　　"今天我就要带你们去寻找美丽的水晶石。"说完布莱克大叔就带着两个孩子踏上了去往水晶王国的旅途。

　　世界上最大、最著名的水晶博物馆是坐落在因斯布鲁克郊区的施华洛世奇水晶世界。布莱克大叔要带着叮叮和安妮去参观这个闻名世界的水晶王国。

　　施华洛世奇水晶世界是由艺术家安德烈·海勒设计，于1995

年建造而成的，是名副其实的"现实中的童话世界"。高大的喷泉巨人和两个水晶石的眼睛，告诉三个游览者，他们已经到达目的地。从巨人两肩的入口进去，世界上最大的水晶以优雅的身姿欢迎着来自世界各地的参观者。再往里面，陈列着世界各地水晶大师的作品。在水晶世界的内部，更是有多重带有主题意象的展览馆，瑰丽的景象，夺目的光彩，吸引着众多游客的眼球。

　　这里陈列的各式各样的水晶，让叮叮和安妮目不暇接。有成片的水晶簇，有雕刻精美的水晶饰品，还有精心设计的水晶艺术品。施华洛世奇之所以举世闻名，完全是因为其全球独一无二的水晶碎石镶工。当然也离不开设计师精湛的切割技术，充分利用水晶对光的折射能力，完美展现水晶璀璨的美丽。

# 第 八 章

# 雪中的维也纳国家歌剧院

由于天气的原因，布莱克大叔决定先带安妮和叮叮去维也纳休整几天。

尽管天气异常寒冷，地上的雪越积越厚，也挡不住叮叮和安妮渴望参加维也纳国家歌剧院的焦急心情。

"布莱克大叔，快点，快点！"叮叮又一次催促。

　　"孩子们，跑慢点，别滑倒。"布莱克大叔在后面大喊。

　　维也纳国家歌剧院的大门，虽然没有直耸云层那般高大，但也是非常雄伟的。拱形的大门，拱形的窗户，每一个窗口上还有一个女神的雕像。布莱克大叔说这是歌剧女神，每一个雕像代表着歌剧中不同的意向，有英雄主义，有爱情，有艺术，有戏剧，还有想象。门楼顶上的两端耸立着威严的戏剧之神，他骑在白马上，仿佛要带着奥地利的歌剧飞向世界的每一个角落。布莱克大

叔告诉叮叮和安妮，这种建筑风格是罗马式建筑，是根据意大利文艺复兴时期大剧院的样子模仿建造的。

走进国家歌剧院，里面挂满了各种各样的油画，还有很多神情各异的雕像。布莱克大叔向两个孩子介绍了每幅油画出自哪个歌剧，以及每座雕像雕刻的是谁。

"好壮观呀！"安妮不禁赞叹。

"是呀，这可是奥地利最大的歌剧院，是维也纳的象征，也是世界歌剧的中心。全世界无论哪里的音乐家，如果有作品能在这里演出，那将是无上荣耀的。"

维也纳国家歌剧院是世界四大著名的歌剧院之一，每年都有300次演出，包括现代歌剧、古典歌剧，乃至芭蕾舞，没有一天的节目是重复的。如果可以每天都到这里看演出，就算是不懂音乐的人，久而久之也会变成一个音乐大师。

维也纳国家歌剧院最早建成于1869年，原本是皇家御用的宫廷歌剧院。建成以后的第一次演出就是作曲大师莫扎特的《唐璜》，这让国家歌剧院从一开始就奠定了较高的起点。之后又聘任了世界一流的音乐总监，担任美术和音乐指导的人也是世界一流的专业人士，而且当时统治奥地利的哈布斯堡王朝在欧洲非常兴旺发达，也给歌剧院能够闻名世界提供了便利条

件。再后来，由于维也纳思想、艺术的不断发展，涌现出了一批在歌剧和音乐领域极具影响力的人物，进一步推动了维也纳歌剧的发展。这里曾经上演过贝多芬的《费德里奥》、韦伯的《魔弹射手》以及莫扎特的多部作品，都是世界著名的歌剧。

## 世界一流的维也纳国家歌剧院

维也纳国家歌剧院从一开始走的就是一流的路线，用人非常考究。如果一个人真正有能力，再多酬劳，也甘心聘用；反之，如果一个人在音乐方面的悟性一般，即使再少的酬金，也决不聘用。

不仅仅是古代的国家歌剧院有这样的规定，现在的国家歌剧院更是严格。不出名的作品或者是一些处女作品，坚决不允许在这里演出，只有那些已经被肯定了的知名作品才有资格在维也纳国家剧院上演，这些规定也使它一直在歌剧领域居于首屈一指的地位。

# 第九章

# 蓝色的多瑙河

"布莱克大叔，我们这是要去哪儿呀？"叮叮对新事物的热情总是很高。

"你们知道一首叫作《蓝色多瑙河》的世界名曲吗？"布莱克大叔有意考考两个孩子。

"我知道，我知道，是'圆舞曲之王'的作品，他的名字

叫小约翰·施特劳斯，他的故乡就是奥地利。在音乐课上，老师讲过的。"安妮认真地回答布莱克大叔提出的问题。

"我们现在就要去多瑙河看看。"

安妮虽然没有见过多瑙河，但是因为那首《蓝色多瑙河》，她在很久以前就对多瑙河有了很多的想象。她经常在听曲子的时候闭着眼睛想象多瑙河的样子，一条弯弯的河流从阿尔卑斯山脉上那冰雪融化的地方流淌下来，时而缓慢，时而湍急，时而会荡起美丽的水花，像一个调皮的孩子，有时又会温柔得像母亲的手。在安妮的脑海中，它的两岸应该长满了绿草和有着宽大叶子的大树，还会一路开满鲜花，河水的清澈伴着鲜花的绚丽，小草的清香夹杂着花朵的芳香，像一幅画，又像一首悠扬的歌，河流流过种着庄稼的村庄，悠扬的歌声在天空响彻。还会有一只小鹿跟着河流追逐着一只飞来飞去的蝴蝶。

　　冬天的多瑙河旁没有花草树木，也没有追着蝴蝶的小鹿，但是河岸上的积雪，让多瑙河呈现出另外一种景致。

　　岸边树木的叶子已经凋落，还没来得及融化的雪堆积在树枝上，像一朵朵雪白的花。从地上积雪的缝隙中还能看到掉落

的树枝和干枯的小草，积雪还掩盖住了河流上厚厚的冰。成群结对的人在这里滑冰，有的在比赛看谁滑得快，有的边滑边翩翩起舞。看着那些曼妙的舞姿，安妮露出了惊奇和羡慕的神情。

"布莱克大叔，这就是多瑙河吗？"安妮问。

"是的，这就是在脑海中想象了无数次的多瑙河。"

"多么雪白、多么圣洁的世界！你看那些人，他们在冰

上玩得多么快乐，他们的舞姿又是多么优美！我还从来没有像他们那样在冰上跳舞呢！"

"呵呵，这就是多瑙河冬季的一道景观啊，到了夏天这里又是另外一番景象。那时岸边的树木、小草都会变得郁郁葱

葱，当然还有安妮最喜欢的花，岸边的美丽景象倒映在河面上，还会有很多人在这里游泳、嬉戏。别提多好玩了！"

"布莱克大叔，赶紧带我们加入他们的队伍吧！"叮叮看着那些人在冰上玩得那么热闹，实在是不能再等待一秒钟了。布莱克大叔看叮叮这么急着想体验新鲜的感觉，就带着他们穿上冰鞋走向那天然的滑冰场。

### 多瑙河成了环境杀手？

由于多瑙河沿岸的国家和地区多为工业区，这使得多瑙河的河水污染严重。仅匈牙利的一家铅生产销售公司的一次有毒废水池泄露事件，就给多瑙河带来了灾难性的破坏，有毒淤泥使几百人无家可归。

此前有人提出在受污染的河水中注入酸性物质，以达到酸碱中和，但是也有很多专家对此提出质疑，认为这样会造成二次污染。世界环境保护组织对此也非常重视，正在寻找一些比较好的办法来保护多瑙河不受到更大的污染。

# 第十章

# 第一次滑雪

听了天气预报，得知这几天天气晴好，布莱克大叔和两个小家伙又踏上了雪山冒险之旅。第一站就是位于奥地利维也纳不远处的谢莫林滑雪场。

偌大的滑雪场上，叮叮和安妮看着那些滑雪者，脚上踩着

滑雪板，手上拿着滑雪杖，从山坡上一直滑到底，身姿优美，看起来非常刺激。

　　滑雪运动已经有上百年的历史，因其具有刺激、优美的特点，而被大众喜爱。在发展过程中，滑雪越来越被世界体育界认可，成为一项专业的体育运动，项目也从最初笼统的滑雪，划分为高山滑雪、自由式滑雪等多个项目，每个项目又细分成多个小项。现在，多种世界级的运动会中都有滑雪项目。当然，这种专业技术性的滑雪跟旅游滑雪不同，

需要高超的技术水平和严格的场地要求。在滑雪方面居于世界领先水平的国家除了北欧的一些国家，还有就是西欧阿尔卑斯山脉一带的国家了，如意大利、奥地利等，其中奥地利因斯布鲁克滑雪场是世界著名的滑雪场，在这里还举行过多次世界级的滑雪比赛呢！

旅游滑雪主要以娱乐为主，也有很多类别，比如高山滑雪、单板滑雪、越野滑雪等。高山滑雪与其他的滑雪相比，更充满刺激，魅力更大，可参与面更广，因此被视为最广泛的滑雪运动。越野滑雪相对高山滑雪来说，安全系数更高。单板滑雪则要求更多的技巧和灵活性。

叮叮看着那些滑雪健将个个身姿矫健，来去自如，也禁不住诱惑跑去滑雪，结果没滑几米就摔倒在了雪地里，沾了一身的雪，滑稽极了，可把安妮和布莱克大叔乐坏了。

布莱克大叔把叮叮扶起来，然后慢慢地教他滑雪的注意事项和方法。

滑雪一定要先学会初级的技巧才可以，不然很危险。初次学习滑雪的人，一定要穿好防护服以免跌倒时雪从衣领、袖口等地方钻进衣服里面，还要戴好护膝、护腕等防护用具，以免跌倒时受伤。另外，还要根据自己的实际情况，量力而行，不能不顾危险地做一些高难度的动作，要注意与他人保持一定的

距离，以免发生碰撞。

在自己的靴子上安装好滑雪板后，要先在平地上学着步行，身体保持前倾的姿势，不可后仰，否则会向后跌倒。慢慢走，把滑雪杖当作拐杖保持自身平衡，然后再一点一点地滑行，一开始尽可能的慢，然后再一点一点地加快速度，再学会使用滑雪杖，加快滑行速度，等到可以安全地向前滑行了，再试着从山坡往下滑。跌倒时要注意尽量让自己以侧卧的姿势跌倒，以免受伤。

## 欣欣向荣的中国滑雪运动

当前中国的滑雪产业正处于飞速发展时期，滑雪运动也渐渐为广大民众所喜爱。中国的滑雪场地主要分布在东北的黑龙江和吉林两个省。除了这两个省份，在其他的一些省份，如北京、河北、山东等地也先后建设了一些滑雪场。此外，南方的一些省市也充分利用有利资源开设了一些滑雪场地。

这些滑雪场的建设带动了当地相关产业的发展，拉动了很多地方的手工业、农副产品等行业，对一些贫困地区的脱贫致富也起到了积极的作用。

# 第十一章

## 会隐身的鸟

三个人的探险旅程还在继续。阿尔卑斯山上有各种各样的植物，他们走进了森林里，叮叮和安妮又跑又跳，高兴极了。

突然，"噗啦"一声，森林里的寂静被打破了。

"什么声音？"叮叮好奇地问。

"快看，那边有一只白色的野鸡！"安妮指着不远处说。

"哦，孩子们，那不是野鸡，而是雷鸟。"布莱克大叔说。

顺着安妮指的方向望去，只见不远处一只像野鸡一样的大鸟，在地上啄来啄去。

安妮和叮叮看着那只大鸟，胖胖的身体圆滚滚的，像一只老母鸡。神奇的是，老母鸡的脚趾上是光秃秃的，没有一根鸡毛，可是雷鸟的脚趾上长有白白的羽毛，雪白的脚趾跟地上的雪和它白白的身体融合在一起，如果不认真看，还真的以为雷鸟没有脚呢！雷鸟全身上下，除了眼睛和嘴巴，几乎全是白色的，在雪地里很难发现它。如果不是刚才它扑扇了一下翅膀发出声音，真的很难发现那儿会有一只大鸟。

调皮的叮叮看着那只白色的大鸟，跟安妮说："你看它跟个老母鸡一样，胖胖的，翅膀还那么短，肯定飞不起来，看我给你捉过来！"说完就冲着雷鸟跑了过去。

雷鸟看见有人过来，吓得"嗖"的一声飞走了，在不远处停下来又开始在雪地里找寻食物了。

布莱克大叔哈哈笑道："你别看它长得胖，翅膀还那么短，它可是非常善于在雪地里飞行的，而且飞行速度非常快，只不过它只能飞行一小段距离而已。你们要记住，雷鸟可是我们国家的保护动物，是绝对不可以捕杀的！"

### 你听说过雷鸟吗？

雷鸟共分为：普通雷鸟、柳雷鸟、岩雷鸟和白尾雷鸟4种，多分布于北极和高山顶上的寒冷地带。在我国境内，生存着两种雷鸟，分别是柳雷鸟和岩雷鸟。柳雷鸟在黑龙江流域比较多，而岩雷鸟大多在新疆北部地区出没。

雷鸟的繁殖期是每年的6—8月，并且一雄配一雌，严格遵守"一夫一妻"制。雄鸟长到繁殖期后，就会划定自己的领域，一旦有其他雄鸟入侵，就会立刻过去驱赶。而雌鸟每窝产卵6—13枚不等，一般孵化时间是25天左右。

# 第 十 二 章

# 别碰，有毒

"布莱克大叔，这里的森林真好玩。"叮叮在阿尔卑斯山的树林里玩得不亦乐乎。

"阿尔卑斯山位于温带和亚热带的中间位置，不仅有亚热带植物，还有温带植物。因为阿尔卑斯山有山地气候，山顶非常寒冷，可以和极地相比，所以它还有寒带植物，这里

布莱克大叔，这里的森林真好玩。

53

的植物种类是非常丰富的。"布莱克大叔的知识真是渊博啊！

"布莱克大叔，你看那是什么？"叮叮指着前方一个漂亮的红色圆球说。

"哇，是蘑菇。"安妮说着就向红蘑菇跑过去。

"别碰，有毒！快回来！"布莱克大叔赶紧叫住安妮，"不要往那边跑！"

"啊？有毒？"安妮听到布莱克大叔说"有毒"，吓坏了。

"那个是毒蝇伞，毒性非常强，只要闻到它的气味，就足以让人晕倒。"

突然，一只小兔子蹿出来，左闻闻右嗅嗅，显然是在找吃的。小兔子蹦蹦跳跳地到了毒蘑菇前面，闻了闻，不一会儿就躺在地上一动不动了。一瞬间，安妮对那个漂亮的小蘑菇产生了非常强烈的恐惧感。

毒蝇伞是一种非常漂亮的蘑菇，有一些漂亮的小发卡就使用了它的图案，安妮被它吸引也是因为它漂亮的外表，可是越是漂亮的蘑菇，就越有可能是有毒的。像毒蝇伞，毒性就非常强，它含有一种刺激神经的有毒物质。如果误食了，没有固定的中毒症状，中毒的人可能会恶心、痉挛；也可能会产生视听幻觉，异常兴奋；还有可能会行动迟缓甚至晕倒，尤其是春天和夏天的毒蝇伞，毒性比秋天的要强得多。

虽然毒蝇伞有毒，但小朋友不用太害怕，它的毒性是可以被水溶解的，只要经沸水煮过，它的毒素就会解除很大一部分呢！而且即便是误食中毒了也不是无药可解的。一旦误食了，一定要马上催吐，然后赶紧去医院就诊。

毒蝇伞的生命力非常顽强，在世界很多地方都能看见它的身影，但是一般情况下多出现在北半球的温带和极地气候地

区，一些海拔比较高的高山上也会有毒蝇伞生长。毒蝇伞多生长在松树林或者是落叶林中，与松树、桦树和云杉等树木共同生长。一般是在秋季的时候长成，但是在北美洲成熟时间是夏季到秋季，太平洋沿岸就比较晚了，要等到秋季或冬季的时候才能成熟。

安妮看着这可爱的小蘑菇，实在不愿意相信它竟然有毒，本来想采摘下来，回去做成标本，现在也只能远远地看着了。

## 如何辨别毒蘑菇？

在一些报道中，我们经常会看到因误食毒蘑菇而致命的事件。可是我们见到不认识的蘑菇，应该如何辨别呢？首先，要看蘑菇的外表；然后，我们需要好好观察蘑菇的生长环境，一般无毒的蘑菇都生长在干净的草地或者是树干上，而有毒的蘑菇一般生长在比较潮湿阴暗的地方。还有一种方法，就是用清水浸泡，如果浸泡过后，水一样是清澈的，就说明是无毒的蘑菇；相反，水变得浑浊了，就说明这个蘑菇有可能有毒。

# 第十三章

# 这是雪豹的脚印

　　冒险之旅还在继续。一路上，叮叮和安妮在布莱克大叔的带领下见到了各种各样以前没有见过的新奇事物，也多次险中求生。这次旅行真是惊心动魄又充满新奇啊！

　　这天他们走累了，正要坐在附近的一块岩石上休息，布莱克大叔突然脸色大变："不好，赶快跑！"

　　叮叮和安妮跟着布莱克大叔向远处跑去，他们躲在巨大的岩

石后面，悄悄地看着刚刚准备休息的地方。不一会儿，一只雪豹从远处走来，全身灰白色的毛，圆圆的头上布满了黑色的斑点，身上则是以黑色的圆环纹路为主，而且从脖子开始，越到后面圆环越大，尾巴又粗又长，几乎跟它的身体一样长。

这只雪豹嘴里还叼着一只小山羊，它走到叮叮和安妮刚刚准备坐着休息的岩石后面，向四周望了望。安妮看见它的眼睛幽绿幽绿的。雪豹看四周没有任何动静，就用爪子挖了一个坑，把小山羊埋在里面，然后就向远处跑去了。

"雪豹走远了，走吧，孩子们，我们去看看。"布莱克大叔带着叮叮和安妮来到刚才的地方。

"孩子们，你们看，这是什么？"布莱克大叔走到岩石后面说。

叮叮和安妮跑到岩石后面，看到一个很大的洞，里面到处是雪豹的毛。雪豹一般喜欢将自己的洞穴设在岩石洞中或者石缝里面，而且一般选择了一个洞穴就会长期居住，不会轻易离开，所以在雪豹的洞中会有很多从它身上脱落的毛。

"好惊险呀，原来这里是雪豹的洞穴。"安妮有种险中生还的感觉。

"是呀！我刚才也是突然发现附近有雪豹的脚印和它身上掉的毛。实在是太惊险了，还好它已经走远了。"布莱克大叔说。

安妮看着没有被雪豹完全埋起来的小山羊，觉得十分难过，多么可爱的小山羊呀！可是雪豹就是喜欢吃小山羊、小鹿和小野兔等动物。它常常潜伏在羊群觅食的地方，一动不动地等待时机，直到有的羊走进自己猎杀的范围内，或者看到有羊从羊群中掉队了，它就会突然跳起，扑向小羊，迅速将其猎杀。雪豹非常凶猛，而且动作十分灵敏，小山羊一旦被它扑倒，就难逃一死。遭到雪豹攻击时，羊群就会飞速地奔跑，雪豹虽然奔跑速度也非常快，但持续时间短，超过了一定的时间，雪豹就必须停下休息，否则等于自杀，而羊群只要能够坚持在这段时间内不被雪豹追上，就能逃生。

# 第十四章

## 偶遇高地山羊

"安妮，你快来看。"叮叮突然停住了脚步，小声地对安妮说。

安妮走过去，跟叮叮一起躲在一棵大树的后面，看见不远处有一只可爱的小兔子正在地上寻找食物。

"哇，好可爱呀！"安妮一向都很喜欢可爱的小动物。

"嗒……嗒……嗒……"不远处传来山羊的脚步声，小兔子吓得赶紧跑到了树洞里。

　　只见一只高地山羊从远处跑过来，它不像叮叮和安妮想象的那样长着白色的毛，高地山羊全身是深棕色的，而且它的角弯弯的，好长好长，上面还有一条一条突起的横纹，像极了阿尔卑斯山脉连绵起伏的样子，完全不像在书本上看到的山羊那样。

　　"布莱克大叔，为什么这种山羊长得不像在电视里看到的那样呢？"安妮对此产生了疑问。

　　"这是野山羊，是一种高地山羊。"布莱克大叔解释说。

　　"它会吃掉小兔子吗？"一向很爱护小动物的安妮问。

"呵呵，当然不会，高地山羊跟普通山羊一样，是素食动物。"布莱克大叔觉得安妮天真的样子可爱极了。

高地山羊主要吃青草和苔藓，一般在高山或者高原上能看到它们的身影。曾经在阿尔卑斯山上到处可以见到高地山羊。但是它们的肉质鲜美，羊角又可以做成各种漂亮的装饰品，羊毛的质量也非常好，可以说高地山羊几乎全身是宝，所以被大肆猎杀，又因为生态环境不断遭到破坏，高地山羊的生存陷入了非常危险的境地，一度濒临灭绝。后来，世界野生动物保护组织不断呼吁保护高地山羊，并制定了很多保护措施。人们对

它们的保护意识也越来越强，现在它们的数量已经有所增加，但仍然需要人类的大力保护。

　　安妮看着眼前的山羊，觉得它虽然陌生，却也十分可爱。越看越觉得好像在哪里见过似的。其实高地山羊不仅仅在阿尔卑斯山脉才有，同种的山羊在世界其他地方也有很多，比如亚洲野山羊，又叫北山羊，它的体型与欧洲野山羊比起来要大得多，主要生活在中国的青藏高原和新疆、甘肃一带。

　　这些野山羊奔跑速度非常快，而且步伐也非常稳健，行动

灵活。如果遇到危险，它们奔跑的方向往往是敌人追起来最困难的方向。有时为了逃命，它们会选择站立在悬崖边的岩石上，一旦凶猛的野兽扑过来，就有可能同归于尽。所以，每当此时，敌人就会转身走开。在与野兽战斗时，野山羊又长又坚硬的角，就会变成不错的武器。

# 第 十 五 章

## 棕熊出现了

　　安妮最喜欢的玩具是维尼小熊，而她最喜欢的手工课就是帮维尼小熊做衣服。叮叮对此不屑一顾，因为他最喜欢的动物是树袋熊，因为它可以吃了睡，睡了吃，一天到晚在树上。

　　听布莱克大叔说维尼小熊的"真身"其实是棕熊，而且最易出现在奥地利。安妮很兴奋，她一直看着

外面的雪地，期待偶遇一只大棕熊，她还有自己的小心思：难道棕熊不需要冬眠吗？

叮叮也盯着窗外，心里怕得要死，其实他害怕棕熊。布莱克大叔好像看出了他的担心，对他说："叮叮，没事，棕熊要冬眠6个月呢，在这寒冷的6个月里，它会消耗掉100万卡路里的热量，相当于一个成年人一年的热量。现在春天虽然快

要来了，但我们现在哪会有幸遇见它。"

　　布莱克大叔的话还未说完，安妮就大叫起来："快看！快看！我的维尼小熊出现了！好大啊！"

　　布莱克大叔和叮叮一起望向安妮所指的方向，都被吓了一跳，远远的真有一只看起来很是笨重的棕熊。安妮捂住嘴巴，对布莱克大叔说："我们真的好幸运啊！"

　　那只棕熊缓慢地走了过来，看样子像是很饿。叮叮很害怕："布莱克大叔，快点开车，棕熊会吃掉我们的。"布莱克大叔安抚叮叮说："别怕，叮叮。假如人类不主动伤害它们，棕熊是不会吃人的。"

于是，布莱克大叔、安妮和叮叮三个人就这样看着大棕熊越走越近，慢慢靠近他们，直到大棕熊来到他们的车旁。叮叮越来越紧张，因为大棕熊的肚皮就在他这边的车窗外，他几乎快哭出来了。布莱克大叔用眼神暗示他：不要紧张，大棕熊看到我们如此安静，会自己离开的。

果然，大棕熊继续朝前面走去，但是它又突然退了回来，因为它看到了叮叮丢的半块面包，大棕熊捡起面包狼吞虎咽起来。这一切让叮叮既害怕又惭愧，早知道就不丢那半块面包了，不仅浪费，还差点儿为自己招来"杀身之祸"，想到这里，叮叮伤心地哭了起来。

　　布莱克大叔用手紧紧握住叮叮的手，没想到大棕熊竟然在车旁卧倒，睡了起来。这时，安妮包里的一个小铃铛掉了出来，发出清脆的铃声。这铃声显然吓到了大棕熊，它立刻坐了起来，惊慌地四处看。

　　布莱克大叔拿起铃铛，摇了起来，大棕熊果然被吓跑了。叮叮也不哭了，忙问布莱克大叔："这是什么呢？"

　　安妮说："这是我家维尼小熊的铃铛，被我不小心带出来了。没想到，却帮了我一个大忙。"布莱克大叔笑着说："是啊，在森林里行走时，人们都喜欢带这样的一

个熊铃铛，以防万一，而大棕熊听到这个铃铛声也会被吓跑的。"

安妮和叮叮又在这雪山大冒险中勇敢地闯过了一关，而且还和传说中很凶猛的大棕熊打了一场交道。安妮心中松了一口气，其实她很喜欢熊的，在动物园里也见过大棕熊，但是还是没有今天这么刺激，这么真实。叮叮又恢复了平时的状态，大声地说着："大棕熊不过如此嘛！我以前还摸过老虎的屁股呢！"他这样一说，把布莱克大叔和安妮都给逗笑了。

不知道前面的路上还会遇见什么？虽然被棕熊吓哭了，被安妮说成"胆小鬼"，但叮叮还是对前面的大冒险充满了好奇心。

## 遭遇棕熊怎么办？

棕熊的体型高大壮硕，肩背隆起。主要栖息在寒温带，它喜欢单独出行，行动很缓慢，活动多在白天。熊食性较杂，不仅吃各种植物的根茎、块茎以及果实等，也喜欢吃蜂蜜，同时还吃蚂蚁、昆虫、鱼和腐肉等。

如果在野外露营时，千万不要把食物带到帐篷里，因为棕熊会跑到帐篷里来拿，而应该把所有的垃圾和食物分别打包放到防熊洞里，或者挂在高高的树枝上。如果遭遇棕熊时，要保持镇定，慢慢蹲下来，让棕熊知道你没有威胁，然后再慢慢向后撤离。

# 第 十 六 章

# 大自然是雕刻家

在白茫茫的山顶上，布莱克大叔带领着叮叮和安妮继续着雪山的旅行，他们下一站要寻找的是山顶上那终年不化的冰川。

"布莱克大叔，我们真的可以见到冰川吗？冰川不是在南极和北极才会有吗？"叮叮对传说中的冰川充满

> 布莱克大叔，
> 我们真的可以见到冰川吗？

了好奇。

"在海拔很高的高山上也会有的，像喜马拉雅山，还有我们现在所在的阿尔卑斯山，好多这样的山脉都有冰川。现在我们已经越过了雪线，等一会儿我们到了山顶，就会看到了。如果想尽快看到，我们就加快速度吧，孩子们！"

叮叮和安妮想到马上就能看见冰川了，全身都充满了力量。

当他们又爬上了一个山头，终于看见前方白茫茫的一片崖壁——那就是阿尔卑斯山顶上终年不化的冰川。与极地地区的大陆冰川不同，这里的冰川是山岳冰川。是由于高山上长年的积雪堆积，雪花之间的缝隙越来越小，积雪重量不断增加，形成冰川冰，当达到一定的程度时，在重力的作用下，冰川冰就会沿着山坡缓缓地向下移动，

就形成了冰川。山岳冰川只存在

于海拔比较高的山脉，但是在比较陡峭的山峰

是不容易形成冰川的，因为过于陡峭的山峰，一旦

有积雪堆积，很快就会顺着山坡滑下去，所以不容易形成

冰川。

　　"走，孩子们，我们去看看那些冰川。"

　　"叮叮，你快看，那个山坡好像一朵大蘑菇呀！"安妮像

发现了新大陆一样，兴奋地跟叮叮说。

　　"呵呵，安妮，那可不是小山坡，那也是冰川，是冰蘑

　　叮叮，你快看，
那个山坡好像一朵大蘑菇呀！

菇。"布莱克大叔说。

那个被布莱克大叔称作冰蘑菇的冰川，用小小的、瘦瘦的身躯支撑着它那大大的圆圆的头，真的像朵大蘑菇一样呢！其实冰蘑菇的头上并不是冰，而是巨大的岩石。因为风化作用，山体上不断有岩石的碎屑掉落下来，当比较大的岩石掉落在冰川上时，岩石挡住的部分因为照射不到太阳，融化得比较缓慢，而其他的部分相对融化较快，经过漫长的岁月，就形成了像蘑菇一样的形状。

"布莱克大叔，快看那边，那些也是冰川吗？好美呀！"安妮简直不敢相信自己的眼睛。

叮叮和布莱克大叔向安妮指的方向看过去，那些冰川有的像宝塔，有的像雄伟的高楼大厦，有的像一匹奔跑的骏马，有的像一头睡着的雄狮。那都是因为冰川在形成过程中经历春、夏、秋、冬四个季节，导致积雪堆积的密度不同，再加上受到的太阳辐射和风化等的力度不同，冰面在融化过程中也会有所

差别，从而形成各种各样的形状。

看到这些神奇的景观，安妮简直不敢相信自己的眼睛。布莱克大叔告诉安妮，无论是冰蘑菇，还是像宝塔、高楼一样的冰川，都是冰川在融化过程中形成的各种各样的姿态，这些都出自大自然之手。"真的是太神奇了，大自然简直是一个伟大的雕刻家！"安妮不禁发出赞叹。

### 移动的冰川

巨大的冰川站立在那里，看似不可动摇，但实际上，冰川并不是纹丝不动的，它一直在以自己的方式和速度做着缓慢的运动。在漫长的岁月里，冰川内部的晶体之间会相互滑动，再加上地壳运动、太阳和风等的作用，冰川的一部分会向着同一个方向移动，从而使冰川发生断裂，在持续的运动过程中又不断地合并又分裂，如此往复，就形成了冰川缓慢的移动。如果在一座冰川里放进一个象征性的物体，许多年以后，它就会在海拔比较低的地方被找到。

# 第 十 七 章

## 迷路了

　　叮叮拉着安妮一路狂奔，直到他们觉得安全了，才停了下来。

叮叮俯着身，气喘吁吁地低声说："熊……熊……应该不会追来吧！"

　　安妮一面往后瞧，一面回答说："好像……

没有……来。"

　　叮叮听到安妮这么说，才松开了安妮的手，也不顾地面冷，"扑通"一声，直接就坐在地上了。安妮看了一眼叮叮，似乎想说什么，但是也许跑得太累了，也就随着叮叮一起坐了下来。

　　天地间白茫茫的一片，像盖了一层厚厚的棉被，安静极了。叮叮和安妮被眼前的美景深深地吸引住了，他们就

这样静静地坐在那里，也不知道坐了多久。

一只小鸟"扑腾扑腾"地落在树枝上，打破了刚刚的宁静。

叮叮站起来，拍了拍身上的雪，然后转头对安妮说："安妮，走吧！大熊应该不在了！我们赶紧回到滑雪场吧！布莱克大叔找不到我们一定会担心的。"

安妮点点头，也站了起来。

他们手拉着手，深一脚浅一脚地走在雪地上。大概走了20分钟，叮叮和安妮还是没有走出树林。

安妮说："叮叮，我们好像一直在绕圈呢？布莱克大叔曾经说，如果我们在树林里迷路了，一定要学会做记号。所以，我刚刚就在我们停下来的小树下扎了红带子。你看，这不是我刚刚扎的红带子吗？"

叮叮有点小紧张，但是他想起了布莱克大叔说过的，遇到事情的时候一定不能慌张，要冷静，他调整了一下自己的情绪，对安妮说："没事的，我们一定可以凭借我们的知识找到出路的。"

没事的，我们一定可以凭借我们的知识找到出路的。

安妮点了点头，说："眼前最重要的是辨别方向。我记得布莱克大叔说过，滑雪场在北边，所以只要我们能找到向北的方向，就一定可以找到布莱克大叔了。"

叮叮连连附和道："是的是的，上课的时候老师曾经教过我们可以用树桩、树叶、蚂蚁洞穴、岩石、星星和手表来辨别方向。"

"现在是冬天，树上堆满了雪，没有蚂蚁洞穴，没有岩石，也不是夜晚，那我们就只能够用手表来辨别方向了。"安妮说。

　　"用我们现在的时间除以2，再把所得的商对准太阳，那么表盘上12点所指的方向就是北方。"叮叮边说边掏出自己的手表，"现在是中午的12点，12除以2等于6，用6对着太阳，那么

12指的就是北边了。北边就在那边，安妮，我们赶紧走吧！不然天就要黑了。"

安妮点了点头，说："我们还要留些标记，要是我们走错了，布莱克大叔来找我们的时候，就可以沿着那些标记来找我们。"

### 森林中的天然指南针

如果我们在森林里面迷路了，身边又没有指南针，那么我们可以通过哪些方法来确定方向呢？

第一种方法是通过树桩来识别，树桩上面的年轮，南面总是要比北面的宽；第二种方法可以通过一棵独立的树来观察，南侧的枝叶通常都比北面的枝叶茂盛；第三种方法是把岩石作为迷路的指南针，布满了青苔的一面是北面，相反的另一面就是南面了；第四种方法，如果是有星星的晚上，观察北斗星也可以帮助我们辨别方向呢！

# 第 十 八 章

## 偶遇冰洞

　　叮叮和安妮向着北面一直走一直走，边走边欣赏四周美丽的雪景，紧张的心情缓减了不少。

　　"叮叮，你说布莱克大叔会不会来找我们啊？"

　　"我相信布莱克大叔一定会来找我们的，一定会。"

叮叮和安妮继续往前走，突然有一阵凉飕飕的风吹过来，他们不禁都缩了缩脖子，把外套拉紧了一些。

"安妮，你有没有觉得有点儿凉了啊？"叮叮说。

"是的，好像有一股风吹过来。"说完这句话，安妮突然抓住叮叮的衣服，好像发现了新大陆一样，"叮叮，叮叮，快看，那是什么？"

"哇，好像是个洞，一个很深的山洞，不知道里面藏了什么。安妮，我们去山洞里面来个大冒险吧！"

安妮有点不愿意，摇摇头说："叮叮，现在我们首要的任务是回到滑雪场，找到布莱克大叔。你看天就要黑了，要是我们天黑前不能回到滑雪场，那我们晚上就危险了。"

虽然叮叮知道安妮说的是对的，但是他真的很想知道这是个什么山洞，山洞里面究竟藏了什么。他站在洞前踌躇不前，不知道究竟要怎么抉择。

就在这两难的时候，他们居然听到了布莱克大叔的喊声："叮叮，安妮，你们在吗？"

叮叮和安妮好像瞬间看到了救命稻草一样，齐齐大声回

应："布莱克大叔，我们在这里！我们在这里！"他们边喊边跳，好让布莱克大叔看到他们。

当叮叮和安妮看到布莱克大叔的时候，他们同时跑去抱住布莱克大叔，竟然哭了起来。心中的恐惧在找到依靠时才敢真正表现出来。

布莱克大叔见这两个小家伙着实被吓到了，也不忍心责怪他们，只是抱着他们，好让他们情绪安稳下来。

"布莱克大叔，我们发现那边有个洞，你快告诉我们是什么吧。"情绪安定下来后，叮叮最关心的还是那个山洞。

布莱克大叔牵着叮叮和安妮走到山洞前，左右端详了一会儿，最后才下结论说："这个应该就是冰洞。"

"布莱克大叔，冰洞是什么啊？"安妮问道。

布莱克大叔说："这个问题比较复杂。你们都知道，夏天的时候，因为受热的原因，冰川会处于消融的状态。冰川融解通常分为冰下消融、冰内消融和冰面消融，而我们现在看到的冰洞是冰内消融的结果。"

"什么是冰内消融？"叮叮迫不及待地问布莱克大叔。

"冰面消融很好理解吧，就是我们现在能看到的陆地上的冰受热消融，那么冰面的融水透过冰川里的裂缝流进冰川的内部，就会形成冰内消融。至于冰下消融就是因为地壳向冰川底部传送热量，而导致冰川底部的冰消融，但是冰下消融的作用对于巨大的冰川来说可谓九牛一毛。"布莱克大叔看着叮叮和安妮似懂非懂的样子，接着说，"冰洞可是百年难得一遇的，现在居然让你们这两个小家伙遇到了，我就带你们俩进去一探究竟吧！"

叮叮一听到可以进去看看，兴奋得几乎要跳起来了。

### 冰洞的形成

冰川融解通常分为冰下消融、冰内消融和冰面消融。冰洞是冰内消融的结果。冰川上的融水在流动的过程中，会汇集成一个小规模的河网，这些小河流渗透到冰川的缝隙中，就会形成冰内消融，经过上百万年的孕育，就会形成冰洞。冰洞的洞口呈拱形，像一个古城拱门。走进冰洞，你将会看到一个冰的世界，四处晶莹剔透，冰晶、冰柱、冰锥、冰花……像一个水晶宫殿。冰洞里的世界也不一样，有些是单式的，有些则是复式的，洞中有洞。

## 第十九章

# 走进冰洞

走进冰洞，叮叮和安妮都被眼前的美景深深地吸引住了，就像置身于一个神奇的水晶宫殿一样。他们都无法想象，这个

普通的山洞里面，居然是一个如此美妙的世界，就像爱丽丝无意跟随兔子掉进的奇幻世界似的。

这个水晶宫殿大概有4层楼高，四处都是冰雪的世界：冰柱、冰锥、冰笋、冰花……头顶上是一根根晶莹剔透的冰柱，像极了万箭齐发的样子，而地面的冰柱，向上仰望，似乎在等待与上面的冰柱窃窃私语。虽然它们之间的距离是那么短，但是要相会，却要经过上千年，甚至是上万年的时间。

安妮和叮叮都不觉暗暗为大自然的鬼斧神工和冰的艺术暗

布莱克大叔，为什么这些冰看起来是一层层的、断断续续的呢？

暗赞叹。安妮走到一朵含苞欲放的冰花面前，想用手去摸，但是被布莱克大叔喝止了，他说如果不带手套就去摸这些冰花、冰柱的话，是很容易被冻伤的。

叮叮问布莱克大叔："布莱克大叔，为什么这些冰看起来是一层层的、断断续续的呢？"

"这是冰层，就像树桩上的年轮一样，显示的是这些冰的年龄，但是因为这些冰的冻结没有时间规律，所以很难推断出这些冰的年纪，但是你们看这些冰层，就知道它们都是经历了

一段非常漫长的时间才形成的。"布莱克大叔耐心地说。

"夏天的时候，这个冰洞会不会消失啊？"安妮紧接着问。

按照常识，接近地心的方向，温度应该比地面的温度要高，然而冰洞里面的冰却没有融化，而且温度不但没有比地面温度高，反而要低得多，这就是冰洞的魅力所在，同时也是大自然的神奇力量所在。

"这些冰洞都是经过数百万年，甚至上千万年的时间形成的，怎么可能会轻易就消失呢。"布莱克大叔指了指那些冰柱上的水珠，接着说，"冰洞的一年往往分为三个阶段，结冰期、化冰期和平衡期。一般来说，每年的1月到4月是结冰期，地面的温度升高，冰融水向地面的裂缝渗透，这个冰洞位于低处，水自然就往这个地方汇集，遇上洞里面的低温，水自然就结冰了。"

叮叮和安妮恍然大悟，都被大自然的神奇深深地折服。

### 万年冰洞

冰洞往往都是经历了上百万年的时间才形成的，即使外面的气温升高，冰洞也不会融化。我们可以看到像树桩年轮一样记录岁月的痕迹，其实那是冰层，冰雪不断消融，于是形成了冰层。但是因为冰层形成的时间并没有固定的时间规律，所以很难推断出冰层的准确年龄。

我国目前发现的最大的冰洞是位于山西宁武的万年冰洞，它经历了两百多万年的岁月，形成于远古新生代第四纪冰川期。万年冰洞是石灰岩溶洞，与众多的石灰岩溶洞不一样的是，它的钟乳石、石柱和石笋的外面裹着一层亮晶晶的冰。

# 第二十章

# 在雪地里过夜

从冰洞出来，天色已经有点晚了，为了安全，布莱克大叔决定今天晚上留在雪地过夜。

又是一种新的体验，所以叮叮和安妮都觉得很开心，也很

我们在选择地方露营的时候，一定要注意四个方面

期待。他们走了一段路，最后决定在一个相对空旷的地方安营扎寨。

　　布莱克大叔边拿帐篷出来，边解释说："我们在选择地方露营的时候，一定要注意四个方面——安全第一、靠近水源、远离悬崖、注意光照和风向。"

　　"我们在野外露营的时候一定不能离开城镇太远，不然发生危险的时候，就很难逃生，但是因为现在周边都没有小城镇，我们就要选一个比较空旷的地方露营；水是生命之源，没有水，我

们就无法洗漱和做饭，现在是冬天，河流都结冰了，所以我们一会儿可以拿一些干净的雪煮了喝；不要在悬崖下搭帐篷，因为很可能会有石头或其他物品从天而降，发生意外；现在是大寒天，我们要选向阳的地方，以便我们保暖；最后一点要注意的是，我们搭帐篷的时候一定不能把帐篷搭在风口处。

布莱克大叔正在搭帐篷的时候，叮叮和安妮就帮忙把睡袋拿了出来，然后把睡袋打开平放在地面，他们在等布莱克大叔把帐篷搭好以后，把睡袋放进帐篷里面。

大概过了15分钟，他们终于把帐篷和睡袋都安置好了，接下来就是解决吃饭的问题了。

叮叮和安妮走了一天都没有吃过东西喝过水，现在安顿下来了，便觉得又渴又饿，他们在布莱克大叔的带领下用桶子装了一些干净的雪，找了一些干燥的木头。湿木头是很难点燃的，为了找到干燥的木头，他们也是大费周折。当三个人回到自己的营地的时候，都已经饥肠辘辘。

布莱克大叔把大的木头放在最底层，然后上面放一些小一点的木头，接着生火。布莱克大叔果然是探险家，只见他动作娴熟，不一会儿的工夫，火就已经生起来了。最后，布莱克大叔把两根树杈插在两边，再把一口小巧的锅搭在上面，一个小型的"厨房"就搭好了。安妮和叮叮目不转睛地看着布莱克大叔搭炉子，觉得自己又长了不少的见识。

　　吃完晚饭，叮叮和安妮帮忙把东西收拾干净，三人就准备进帐篷睡觉了。

　　安妮很怕冷，所以她想穿着厚厚的衣服进睡袋里面睡觉，布莱克大叔看见后说："安妮，我知道你怕冷，但是我们三个人一起在帐篷里面睡，而且有睡袋，一定不会冷，相反你穿这么多在睡袋里睡觉，晚上可能会出汗，就会把睡袋弄湿，那么睡袋的隔热性能也会降低的。"

　　听到布莱克大叔这么说，安妮乖巧地把外套脱了，才钻进睡袋里面睡觉。

## 第二十一章
### 雪地上的精灵

　　第二天，阳光照进帐篷，叮叮和安妮揉揉眼睛，满怀希望地迎接新的一天。他们穿好衣服，走出帐篷，发现布莱克大叔已经煮好了早餐等他们。

　　他们满怀喜悦地说："布莱克大叔，早上好。"

"安妮，叮叮，早上好，今天的天气真好，快来吃早餐吧。"

地上铺着厚厚的雪，像盖了一床柔软洁白的棉被。树上堆着蓬松松的积雪，不觉让人想起了"大雪压青松，青松挺且直"的诗句来。树下的小草，也被镶上了雪花，像一只只蜷缩在角落的小刺猬。叮叮和安妮看着周围美丽的景色，吃着热气腾腾的早餐，心里美滋滋的。

吃完早餐后，布莱克大叔开始收拾东西准备启程。趁着布莱克大叔收拾行李，叮叮说："布莱克大叔，我和安妮能不能在这边堆雪人啊？"

布莱克大叔点点头，说："可以，不过你们先用塑料袋套一下袜子再穿鞋。"

叮叮得到允许，十分开心，赶紧脱掉鞋子套上塑料袋，也不问为什么。

安妮倒是细心，她问："布莱克大叔，我们在袜子外面套塑料袋是为了隔潮，让双脚保持温暖是吗？"

布莱克大叔点点头，竖起大拇指表扬了安妮。

看到这情景，叮叮就不服气了，他说："其实我也知道，所以才不问为什么的。"说完就乐呵呵地跑去堆雪人了。

安妮见叮叮手套也不戴就去堆雪人了，就说："叮叮，你不戴手套堆雪人吗？很冷的。"

叮叮可神气了，趾高气扬地说："我又不是小女孩，这一点点冷算不上什么。你赶紧戴上手套来堆雪人啊！"

安妮看着叮叮的神气样，忍不住白了他一眼，但是想到要是斗气冻伤了手不值得，还是戴上了手套才过去。就在叮叮和安妮堆雪人的脑袋的时候，来了一个"不速之客"。

　　只见这位"不速之客"毛茸茸的，拖着一条又长又蓬松的尾巴，左嗅嗅右闻闻地正往安妮和叮叮这边靠近。

　　叮叮用手肘戳了一下安妮，安妮没有出声，看了看叮叮，然后点了点头，示意自己也看到了那位"不速之客"。他们蹑手蹑脚走到布莱克大叔身边，然后小声地在布莱克大叔耳边说："布莱克大叔，我们看到松鼠了，你看那边。"

　　布莱克大叔沿着叮叮手指的方向看过去，果然是一只雪地松鼠正在觅食。

　　布莱克大叔轻声说："那是一只雪地松鼠。它们主要生活在欧亚大陆的山地针叶林和针叶阔叶混交林里。它们会在树枝之间建筑自己的巢穴，有一些也会把树窟作为自己的

家。"

叮叮好奇地问："难道它们冬天都不冬眠吗？"

布莱克大叔回答说："你说对了。雪地松鼠到了冬天也不冬眠，只是活动会相对减少。平时，它们主要集中在白天活动，特别是清晨时段，它们的活动尤其活跃。"

"哦，原来是这样啊！"安妮心领神会地点点头。

"那么它们都吃什么呢？"

"它们最爱的食物就是果仁和松子，我们最常见的就是它们寻找食物。它们会用鼻子挨着树干或者地面，一边走一边嗅食物的味道。"

布莱克大叔停了一会儿，然后又说道："雪地松鼠还有一个特别之处，它们的毛的颜色会随着季节和地域的变化而产生变化。一般来说，夏天的时候，它们的毛是红色的，而到了秋天，它们的毛就会变成黑灰色，更加紧密地裹着全身。"

　　布莱克大叔话音刚落，就看见那只小松鼠似乎有所发现，用前爪刨开前面的雪，刨了一颗小小的松仁出来，然后就捧着松仁乐滋滋地坐着吃起来。

安妮特别喜爱小动物，她直勾勾地看着小松鼠，恨不得将其据为己有，她小声地说："我也好想要一只这样的小精灵啊！"

"是的。它们真像雪地上的小精灵，但是这样的小精灵是属于大自然的，我们不可以因为我们的私欲束缚这样的小精灵。"布莱克大叔意味深长地说。

安妮点点头，但还是目不转睛地盯着那只雪地松鼠，直到它跑开了，安妮才恋恋不舍地收回自己的目光。

### 可爱的雪地松鼠

雪地松鼠是典型的树栖鼠种，面目清秀，动作灵活，主要生活在欧亚大陆的山地针叶林和针叶阔叶混交林里。它们拖着一条又长又蓬松的尾巴，这条尾巴大概有它们身体的两倍长，它们睡觉的时候，会把尾巴当作棉被盖在自己的身上。

松鼠的主要食物是落叶松等的种子，夏天来临时，它们的食物也就更丰富了，增添了各种浆果和蘑菇，有时候，它们也会把一些小的昆虫、蚂蚁卵作为食物，但是总的来说，小松鼠还是植食性动物。

# 第 二 十 二 章

# 哎，长冻疮了

"好了！都收拾好了，我们该启程了！"
布莱克大叔大声说道。

叮叮和安妮背起自己的行囊，齐声说道：
"全军出发！"

叮叮和安妮一路上叽叽喳喳，打打闹闹，
偶尔还会轮番问布莱克大叔一些毫不相关的问

全军出发！

题，例如为什么鸟站在电线上不会被电到？为什么蜻蜓要点水……不过他们最感兴趣的还是布莱克大叔的探险历程。每每听布莱克大叔说他的探险历程，叮叮和安妮都会变得特别安静。

吃完午餐，他们又准备启程了。今天吃饭的时候，叮叮变得特别安静，不像平常那样老是打趣安妮，只是一直在搓手掌。

布莱克大叔以为叮叮可能因为长期在雪地上走，有点不适应，于是问叮叮："叮叮，是不是不舒服啊？怎么不说话？"

叮叮边搓自己的手边回答："布莱克大叔，不知道为什么我的手很痒，而且有点痛。"

布莱克大叔拿起叮叮的手左右观察了一下，说："叮叮应该是长冻疮了。"

叮叮听后非常紧张，马上就问："布莱克大叔，什么是冻疮啊？我以前都没有长过的。"

还没有等布莱克大叔回答，安妮就插嘴说："冻疮就是我们常说的长萝卜手啊，叮叮一定是因为常常不戴手套玩雪才会长冻疮的。"

　　布莱克大叔笑了笑，说："其实诱发冻疮的原因有很多，除了天气湿冷和长时间暴露在低温之中，血液循环不好也是引起冬天长冻疮的一个重要原因。到了冬天，我们的血液循环会减慢，而手脚这些部位相对其他部位，血液循环也会稍差。如果我们冬天穿太紧身的衣服的话，那么也会让血液循环不顺畅，冻疮就会'不请自来'了。另外，营养不良、缺乏运动等也会导致长冻疮。"

　　叮叮现在懊恼极了，非常后悔自己不好好戴手套，不好好穿衣服。他可怜巴巴地对布莱克大叔说："布莱克大叔，我的手现在很痒，你有没有什么办法帮我止止痒啊？"

　　“不用担心，布莱克大叔也长过冻疮，所以我常常备了一些治冻疮的药在身上，拿去多擦几次，注意保暖，很快就好了。如果条件允许的话，我们每晚睡觉之前可以取一盆15℃的水和45℃的水交替浸泡，这样可以有效锻炼我们的血管收缩和扩张功能，促进血液循环，也能起到治疗冻疮的作用。”

　　“布莱克大叔，叮叮现在长冻疮了，在热水里泡泡或者用火烤一下会不会比较舒服啊？”安妮问。

　　布莱克大叔摇了摇头，说：“当然不行。如果在太热的水里泡或者是火烤，很有可能会导致冻伤的部分被烫伤，这样就很有可能会导致溃烂的。”

"布莱克大叔，能不能先给我擦了药再解释啊？我真的好难受。"说话的正是叮叮。

听到叮叮这么说，安妮和布莱克大叔都忍不住笑了，布莱克大叔赶紧从背包里面拿出治疗冻疮的药给叮叮擦上。

吃一堑，长一智。经过了这次长冻疮的经历，叮叮再也不会裸露着手堆雪人了，因为长冻疮实在是太难受了。

### 如何避免冻疮"不请自来"？

冻疮是一种冬天很常见的疾病，主要是因为寒冷引起的。长冻疮是一件非常难受的事情，所以为了预防冻疮我们应该认真做好防护工作。

首先，我们一定要做好保暖工作，根据天气的变化适当添衣，尤其要注意那些常常暴露在外面的部分——手脚、耳朵和脸。而且，我们不应该穿过于紧身的衣服，避免血液循环不畅。其次，我们的手脚长期暴露在过低的温度后，应该要慢慢复温。最后，我们应该做一些快走、跑步、冬泳之类的室外体育运动，加强身体锻炼。

# 第二十三章

# 雪盲症

新的一天开始了，阳光普照，白雪皑皑，大有岁月绵长、人间静好的样子。

叮叮的冻疮已经好多了，所以他又在一边堆雪人了，果然是好了伤疤忘了痛，但是现在他已经不敢不戴手套了。至于安

妮，她正在摆弄雪地里一朵坚毅的小花，试图让这朵小花能抵御严寒、迎接春天。

突然间，安妮觉得眼前一片空白，她甩了一下脑袋，试图证明自己是出现了幻觉，结果一不小心一个趔趄就摔倒在地上。叮叮看到安妮摔倒了，赶紧抛下雪人过去扶安妮。

谁知道，才刚刚过去，就听到安妮一副哭腔说："为什么……我……我看不到东西了？"

叮叮赶紧先把安妮扶起来，惊讶地问："安妮，安妮，你怎么了？你能看见我吗？"

安妮摸到了叮叮，稍稍安心了些，止住哭泣说："叮叮，不知道为什么我突然就看不到东西了，我是不是瞎了啊？"说

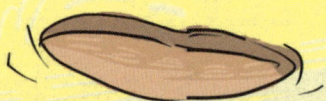

完又忍不住号啕大哭起来。

　　布莱克大叔听到这边的动静，连忙跑过来，抱起安妮回到帐篷，然后检查了一下安妮的症状，就问安妮："安妮，你现在感觉怎么样？"

　　"布莱克大叔，我睁不开眼睛，眼睛好痛，好像有沙子在里面！"说完安妮又开始大哭起来，断断续续地说，"布莱克大叔……我好怕啊……我会不会瞎掉啊……"

　　"安妮，你现在不要怕，没事的，有布莱克大叔呢。"布

莱克大叔把安妮的眼泪擦干净，"安妮乖，不要哭，轻轻闭上眼睛，放轻松，放轻松……"

叮叮在一旁也不轻松，一直用手抚安妮的背，试图平复安妮的情绪。

布莱克大叔从背包里拿来干净的矿泉水，然后用毛巾小心翼翼地帮安妮清洗眼睛，清洗完以后又往安妮的眼睛里滴上眼药水，最后拿出干净的纱布轻轻地帮安妮缠上。

"好啦！安妮，可以了，你现在不要睁开眼睛，好好休息一下，很快就没事了，不用担心，不会瞎掉的。"布莱克大叔如释重负地说。

安妮感觉好多了，这时叮叮才问："布莱克大叔，安妮是怎么了？"

"安妮是得了雪盲症，是叔叔一时没有留意，叮叮也要注意一下，小心得雪盲症。"

"布莱克大叔，雪盲症好可怕，什么是雪盲症啊？"安妮想通过说话来分散一下自己的注意力。

"雪盲症是一种因为视网膜受到强烈光照刺激而

引起的短暂性失明。我们虽然没有直视太阳，但是因为雪地对太阳光的反射率高达95%以上，我们看雪的时候就跟直视太阳无异。"

布莱克大叔停了一会儿又说道："如果在阳光普照的天气下进行雪地活动，几个小时便可能引起雪盲症。但这却不代表在阴天就不会得雪盲症。因为在一般的情况下，雪并不是直接将太阳光线反射到人的眼睛里，而是通过积雪的散射对眼睛产生刺激作用的。如果人们在没有任何保护措施的情况下，长时

裸眼

雪面反射100%

太阳辐射100%

雪

间接受这种散射刺激，就会得雪盲症。”

叮叮问道：“雪盲症只有在雪地上才会发生吗？”

布莱克大叔回答：“雪地冒险者不是唯一会得雪盲症的群体，对于长时间从事焊接工作，但却没有做防护工作的工人，得雪盲症的可能性也是很大的。”

安妮和叮叮这才恍然大悟，布莱克大叔又接着说：“我们以后要小心一点了，我这里有面罩式灰色蛙镜，以后我们在雪地上行走的时候都要戴着。看来我们要在这里休息几天了，等安妮的眼睛好了再启程。"

安妮放心地点了点头。

安妮因为雪盲症的原因在帐篷里休息了两天，布莱克大叔每半天都会来检查一次安妮的眼睛对光的敏感程度，直到第三天，安妮的眼睛基本上康复了，大家这才松了一口气。

这次的雪山冒险已经接近尾声，一路上有欢喜，有哀愁，有惊险，也有乐趣。在布莱克大叔的带领下，叮叮和安妮都收获了很多课本之外的知识，他们还期待与布莱克大叔的下一次历险之旅。

### 得了雪盲症该怎么办？

雪盲症的诱发是由于视网膜受到强烈的光照刺激，它是一种暂时性失明的症状。这种症状常常会发生在雪地冒险者或是极地探险者的身上。

雪盲症的症状为对光线变得异常敏感，眼睛睁不开，好像进了沙子一样，非常痛，而且会一直流泪。如果在荒野中患上了雪盲症，可以用冷水或眼药水清洗眼睛，然后再用干净的纱布轻轻缠上。患者应该让眼睛好好休息。程度较轻的雪盲症在24小时到72小时内就会没事了，如果程度较严重，还是建议送医院处理。